Bibliographic information published by the German National Library:

The German National Library lists this publication in the National Bibliography; detailed bibliographic data are available on the Internet at http://dnb.dnb.de .

Imprint:

Print and binding: Books on Demand GmbH, Norderstedt Germany
ISBN: 9783668822153

This book at GRIN:

https://www.grin.com/document/445750

Ruben Dario Aguilar-Collazo

Contexto y Muestreo en la Investigación del subsuelo

GRIN Verlag

CONTEXTO Y MUESTREO EN LA INVESTIGACIÓN DEL SUBSUELO
Artículo de revisión

***Rubén D. Aguilar Collazo*[1]**, *Universidad Nacional de Colombia, sede Bogotá*
Maestría en Ingeniería - Geotecnia
[1] Ingeniero Civil (IC), Esp. Gerencia de Proyectos de Construcción, Candidato a Magíster en Ingeniería – Geotecnia de la Universidad Nacional de Colombia, sede Bogotá

RESUMEN
Este documento es un resumen integrado de diecisiete (17) artículos científicos suministrados en la asignatura de Investigación del subsuelo e Instrumentación de la Maestría en Ingeniería - Geotecnia cursada en la Universidad Nacional de Colombia en el año 2012 y dirigida por el Docente Guillermo Ángel Reyes - IC, M.Sc. Estos artículos se relacionan con la temática de contextos y procesos de muestreo en la investigación geotécnica y son un fundamento en el buen suceso de muchos proyectos civiles en la ingeniería civil.

El desarrollo de un profesional de la Geotecnia trae consigo muchos retos y dificultades en su devenir, por ello es importante obtener una experiencia laboral que resulte significativa para las metas y objetivos que se buscan. Todos los ingenieros deberían formular su propio plan para el desarrollo de su carrera, teniendo en cuenta que en el camino hay múltiples factores que cambian, por lo tanto el plan propuesto debe ser flexible y evaluado continuamente. Del mismo modo deben formularse los planes para la investigación del subsuelo, en los cuales el ingeniero geotecnista necesita responderse interrogantes tales como ¿qué tipo de investigación se necesita?, ¿por qué se necesita?, ¿el alcance de la investigación es suficiente o es demasiado?, establecer un modelo geológico-geotécnico del subsuelo (preferiblemente en 3D) y evaluar la posibilidad de utilizar el método observacional (MO) para introducir modificaciones.

Dentro del documento además se tocan conceptos teóricos relacionados con el proceso de muestreo en suelos y rocas bajo ciertas circunstancias (efecto del diseño del muestreador, alteraciones de las muestras, muestreo de arcillas y congelación de arenas), con la resistencia a la licuefacción en muestras de arenas gruesas, resistencia de muestras de limo y arena limosa y tomografía de arenas sueltas.

1. Investigación del sitio
El ejercicio profesional de un Ingeniero geotecnista demanda una excelente planificación de la investigación del sitio como primer paso. Usualmente la investigación del sitio que se requiere en un proyecto de construcción se lleva a cabo antes de comenzar la etapa de diseño, sin embargo en muchos países no existen códigos y/o requerimientos detallados que establezcan adecuadamente cual debe ser el alcance de la extensión y calidad de la investigación del sitio, por lo tanto a menudo ocurren diversas fallas geotécnicas que en algunos casos conllevan a desastres catastróficos e imponen amenazas serias a la seguridad pública. La investigación del sitio estudia las características físicas de sitio por medio del análisis de documentos, reconocimiento del sitio e investigación del subsuelo; también incluye el estudio de la historia y el ambiente del sitio, la interpretación y análisis de toda la información disponible, para presentar recomendaciones sobre la ubicación de proyecto y por ende diseños seguros y económicos que reduzcan riesgos potenciales [2].

En cualquier trabajo de investigación, las preguntas a ser resueltas son: (1) ¿qué tipo de investigación se necesita?, (2) ¿porqué se necesita?, (3) ¿dónde se debe realizar el trabajo? (4) ¿cómo se debe hacer el trabajo? (5) ¿el alcance de la investigación es suficiente o es demasiado?. También se deben definir las etapas de investigación, el tipo de trabajo en campo, el número y ubicación de las perforaciones, tipo y número de muestras, tipo y número de ensayos, entre otros aspectos relacionados. Una investigación del sitio adecuada debe ser llevada a cabo a través de un esfuerzo combinado del consultor geotecnista y el contratista a cargo de la investigación del subsuelo. El primero debe ser el responsable de la planeación y ejecución del programa de investigación, la interpretación y análisis de resultados, y las recomendaciones apropiadas para garantizar un diseño seguro, mientras que el segundo es el responsable de proporcionar datos geotécnicos confiables. Para garantizar la calidad y confiabilidad en los resultados de cualquier estudio de investigación del subsuelo, se requiere una supervisión de tiempo completo por parte de un profesional calificado de la rama de la geotecnia [2].

En países asiáticos como Singapur y Malasia no hay códigos que reglamenten los trabajos de investigación del sitio (Al año 2004), a diferencia de China, Hong Kong y Taiwán; aunque en general el criterio que predomina cuando se adjudican contratos de este tipo es el elemento costo, lo que en algunos casos compromete la calidad de los trabajos de investigación. Desafortunadamente se han presentado casos de fallas geotécnicas es lo que el elemento costo ha sido factor determinante y esto algunas veces se traduce en reportes inadecuados de investigación, selección incorrecta de parámetros geotécnicos de diseño, la no identificación de condiciones desfavorables de sitio, falta de supervisión por parte de un especialista y toma equivocada de decisiones.

Cabe mencionar que en general los códigos o normas que se establecen suelen estipular la mínima cantidad de trabajo requerido; la investigación del sitio es una operación de cuidado que requiere organización y personal especializado; la magnitud y costo de la investigación del sitio debe ser tal que el riesgo se encuentre en un nivel aceptable para el diseñador y que cumpla la norma [2]; Finalmente la selección del personal que realice la investigación del sitio debe basarse en sus competencias y capacidad para tal fin y no solamente en el criterio de la oferta más económica.

2. Modelo geológico - geotécnico del subsuelo en 3D [3]

Un modelo geológico - geotécnico tridimensional proporciona una representación espacial de la variabilidad geológica de una zona particular y puede constituir una base para la planificación del subsuelo y para la implementación de diversos proyectos de ingeniería, sin embargo los mapas geológicos tradicionales en 2D son menos representativos en los ámbitos de la ciudad y también dificultan llevar a cabo un estudio detallado. En la literatura hay varias obras sobre el uso de modelos en 3D, pero poco acerca de la metodología general que se debe seguir para establecer un modelo geológico que represente una herramienta de apoyo en un área urbana, por ello Rienzo et al. (2006) proponen una metodología para realizar un modelo geológico-geotécnico en 3D adecuado para apoyar la planificación futura a nivel subterráneo, en este caso de la ciudad de Turín (Italia). En los últimos años, la gestión estratégica del subsuelo se ha usado para optimizar la planificación y desarrollo de estructuras subterráneas, lo cual ha generado un nuevo campo interdisciplinario conocido como "Geociencia Urbana".

La planificación y realización de este tipo de trabajos, requiere de un modelo geológico que sea capaz de mostrar la distribución espacial de las sucesiones estratigráficas y la variación espacial cuando se vayan a excavar los materiales y, por esta razón, este trabajo se enfoca sobre el modelo en 3D de la cementación y las unidades estratigráficas. Por ello se realizó un análisis estratigráfico, una evaluación de los parámetros geotécnicos, un retro-análisis de desplazamientos medidos y la gestión del modelo por medio de un sistema de información geográfico (SIG).

El primer aspecto a considerar es la elección de las unidades (lito-estratigráfica, hidrogeológica, litológica, geotécnica, etc) que deben ser consideradas para representar la porción del subsuelo en función de los requerimientos del proyecto (sucesiones estratigráficas y distribución espacial de la cementación). En el análisis estratigráfico se debe considerar la interpretación de las facies a través de unidades estratigráficas, las cuales permiten que la geometría de las capas pueda ser interpretada incluso cuando falten datos. Una vez se realiza un modelo estratigráfico preliminar, los datos tienen que ser organizados en un formato compatible con el software para modelado en 3D.

El retro-análisis se llevó a cabo utilizando el código de cálculo del FLAC 2D. El procedimiento fue creado por Oreste (2005) y consiste en la variación de los parámetros geotécnicos del suelo en un modelo numérico hasta que los desplazamientos obtenidos por el cálculo son iguales a los desplazamientos medidos. Los parámetros usados en la fase de diseño se utilizaron como punto de partida de este procedimiento.

El modelado del subsuelo en 3D requiere la evaluación de parámetros geotécnicos; en las zonas urbanas se ve limitado por las dificultades en la obtención de datos suficientes para describir las propiedades de un "volumen significativo" de suelo y sus variaciones espaciales. Los resultados en Turín muestran una cierta confiabilidad del modelo y su potencial para seleccionar las máquinas perforadoras óptimas para el futuro desarrollo del sistema de Metro de la ciudad, mediante una comparación entre los pronósticos del grado de cementación que suministra el modelo 3D a lo largo de 1 m de tramo del túnel, y la energía específica de excavación efectivamente absorbida por la cabeza de la maquina tuneladora. La energía está definida como la cantidad de energía requerida por una máquina de perforación para romper o quitar una unidad de volumen de suelo o roca.

Uno de los resultados más interesantes del modelo geológico-geotécnico en 3D son los mapas que fueron obtenidos a partir del grado de cementación a distintas profundidades de la superficie.

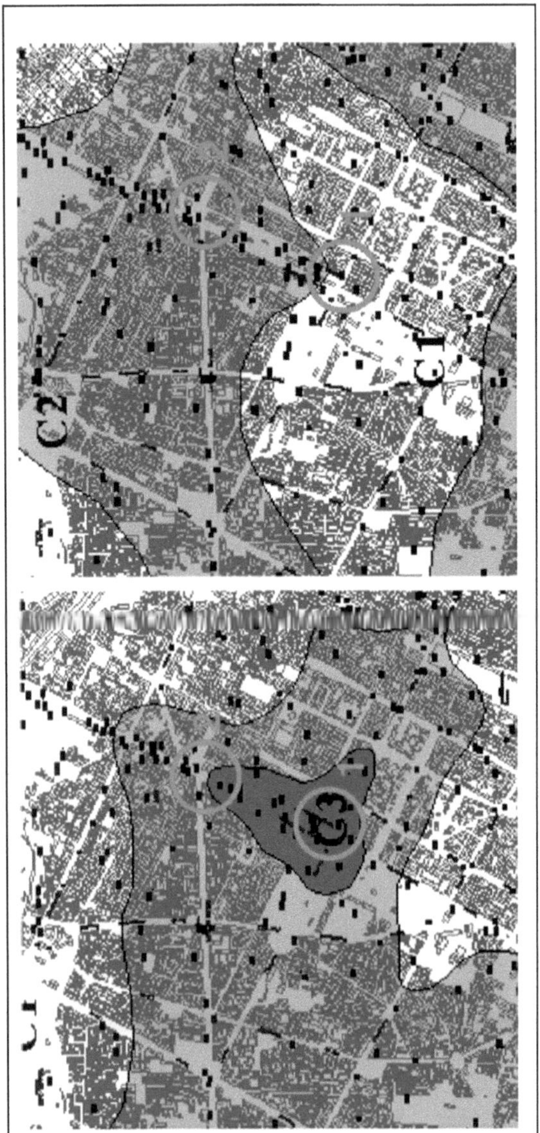

Figura 1. Mapa de clases de cementación a 20 m (izq.) y 30 m de prof. (der.), área central Turín [3]

3. El Método de Observación (MO)

Es un proceso dirigido, continuo e integrado de diseño, control de construcción, seguimiento y revisión, que permite que modificaciones previamente definidas sean incorporadas a una obra durante o después de su construcción, según resulte conveniente y donde todos los elementos mencionados deben ser sólidos. El objetivo de la aplicación del método es lograr mayor economía, sin comprometer la seguridad (CIRIA, 1999). El método de observación ha sido implementado en múltiples proyectos, sin embargo existe una falta general de comprensión en los principios de utilización, su uso dentro del marco contractual de un proyecto de ingeniería y las responsabilidades que incumben al cliente, diseñador y equipo de contratación cuando se aplica el enfoque del MO en un proyecto [4].

Los proyectos tradicionales se basan generalmente en un solo diseño completamente desarrollado y robusto ("Diseño predefinido"); no hay intención de modificar el diseño durante la construcción. Si se llevan a cabo procesos de instrumentación y control tienen un papel **pasivo**. Por otro lado en el MO los procesos de monitoreo juegan un papel muy **activo** en el diseño y la construcción, permitiendo modificaciones previstas para llevar a cabo dentro de un marco de acuerdo contractual que involucre a los principales participantes (cliente, diseñador y contratista). En el año de 1969 Peck establece dos enfoques MO:

(a) *Enfoque "ab initio"*, adoptado desde el inicio del proyecto y (b) *Enfoque "Best Way Out"*, adoptado después de que el proyecto comienza y algún evento inesperado que es diferente al diseño predefinido ocurre o se produce una falla, entonces el MO se utiliza para establecer una forma de salir de la dificultad [4].

En el MO, la modificación del diseño predefinido (moderadamente conservador) al "más probable" reduce el margen contra fallas estructurales y por lo tanto es necesario un mayor control del sitio, equilibrado por un monitoreo riguroso y el establecimiento de planes de contingencia adecuados antes de implementar el MO. Las obras de construcción también tienen que ser flexibles y ser capaz de adaptarse fácilmente a cualquier cambio en el diseño o el programa, exigido por cualquier implementación de planes de contingencia [4].

El MO es más efectivo cuando hay un amplio margen de incertidumbre y se usan términos como "más probable", y "más desfavorable" para describir el rango de condición del suelo [4]. El marco operacional para la aplicación del MO se aprecia en la figura 2, mientras que algunos beneficios potenciales se muestran en la figura 3.

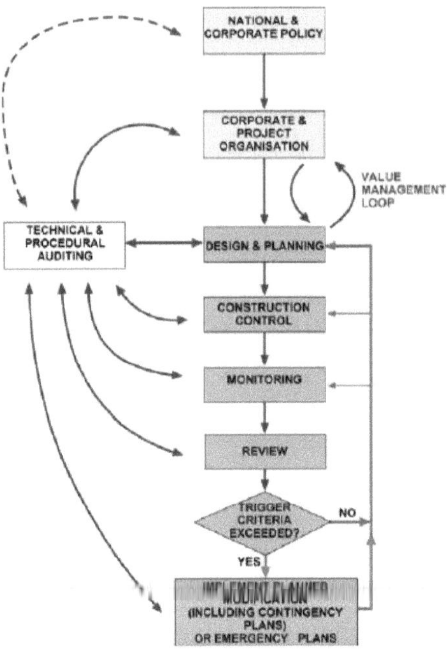

Figura 2. El Método de Observación (CIRIA, 1999)

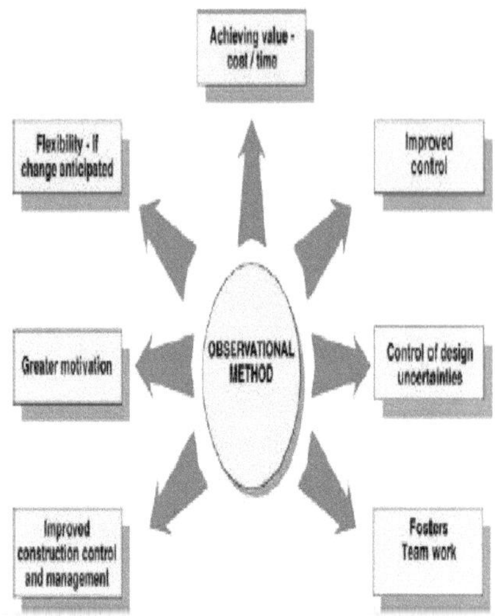

Figura 3. Beneficios del MO (CIRIA, 1999)

Según Powderham [5] la simplicidad es el corazón del MO, su base es sencilla y su enfoque es natural para hacer frente a la incertidumbre. El MO supera las limitaciones del diseño convencional mediante la evaluación de la retroalimentación en condiciones reales, de este modo facilita los cambios de diseño durante la construcción y establece un marco para la gestión de riesgos. Según Powderham [5] no es de sorprenderse que los cambios que se proponen tiendan a crear preocupaciones en materia de seguridad y certeza. Es lamentable que el método pueda ser inapropiadamente asociado con márgenes de seguridad demasiado bajos debido a costos potenciales y demoras en las medidas de contingencia. La modificación progresiva de un proyecto permite restricciones de carácter técnico o contractual que deben ser abordadas por todas las partes involucradas en el proyecto para aclarar las preocupaciones. Tales limitaciones han desalentado la aplicación amplia y frecuente del método de observación, aunque Powderham [5] menciona algunos casos particulares de implementación del MO localizados en la ciudad de Londres como son la construcción del Enlace Limehouse y su influencia en la estabilidad de la Mansión House y la ataguía Heathrow.

En conclusión el MO el logro de los objetivos principales con éxito, reduciendo costos y/o tiempo o garantizando un nivel de seguridad aceptable. Sin embargo, hay importantes limitaciones. Las condiciones generales para aplicar el método deben ser adecuadas. Los requerimientos claves deben ser entendidos y aplicados con cuidado. Es importante identificar las tendencias. El rigor que exigen estos requerimientos es oneroso. Imponen penalidades en relación al tiempo y costo que al menos deben ser compensadas con los beneficios obtenidos. Los beneficios directos de un proyecto puede ser considerables. El método de observación en geotecnia promueve la innovación a través del (1) fortalecimiento de la relación diseño-construcción, (2) aumento de la seguridad durante la construcción, (3) una mejor comprensión del suelo y su interacción con la estructura, (4) las mejoras en el uso y el rendimiento de los instrumentos, (5) mayor calidad de los datos de casos históricos y (6) una mayor motivación y trabajo en equipo.

4. Aspectos Geológicos en la Geotecnia

La geología y los procesos de la tierra son una parte inherente del diseño y construcción en la ingeniería civil. El termino Geología abarca desde la geología clásica hasta disciplinas relacionadas como la hidrología, geomorfología, y petrología. A continuación se citan algunos ejemplos específicos para ilustrar cómo los factores geológicos pueden dominar el comportamiento de un proyecto [6].

(4.1) *Pista Pegasus, Antartida*: En el aeródromo Williams Field en la década de los 90's las operaciones aéreas eran suspendidas durante el verano austral debido al deterioro del hielo de las pistas. Se propuso un nuevo aeródromo cuya pista en hielo (Pegasus) era producto de glaciares flotantes. Sin embargo durante la temporada de Luz solar la pista se podía debilitar, por lo tanto la nieve que transporta el viento se utilizó como solución, cubriendo la pista durante dicha temporada y quitando la nieve al final de la misma para permitir la operación aérea, es decir se utilizó un proceso natural del viento al transportar nieve para proporcionar una solución de ingeniería.

(4.2) *Campo de Aviación Militar, Medio oriente de EEUU*: En la década de los 80's se construyó una pista de aterrizaje y vías de acceso a lo largo de una llanura circundada por varias colinas erosionadas, sin embargo antes de ejecutarlas, el proyecto fue sometido a varios rediseños debido a limitantes en el presupuesto. Al presentarse las primeras lluvias fuertes la obra se inundó debido a un drenaje insuficiente, puesto que el análisis de los registros locales de lluvias se hizo de modo incompleto y no identificó que el área de proyecto era susceptible de inundarse máxime cuando se localizaba sobre una playa. En los diseños se utilizó una resistencia de la subrasante equivocada. Desde su construcción las instalaciones de la pista y obras adyacentes fueron cerradas por inundación hasta que en el año 2002 - 2003 se instalaron sistemas de drenaje subterráneo y superficial.

(4.3) *Travis AFB, California*: A principios de la década de los 90's una pista de aterrizaje fue reconstruida, sin embargo un año después se presentaron desprendimientos graves, a lo largo de las juntas del pavimento. Al realizar ensayos detallados sobre muestras de concreto se detectó arcilla tipo esmectita en los agregados gruesos de la matriz de concreto. La investigación arrojó que la geología de la cantera donde se extrajeron los agregados era compleja y aunque la mayoría de basalto era de buena calidad, al almacenarse se transformó parcialmente disminuyendo su calidad. Es importante mencionar que a menudo hay un desfase en los materiales entre el muestreo, finalización de los ensayos requeridos e inicio de la producción.

Los casos ilustran el impacto de la geología en proyectos de ingeniería. Si no se tiene en cuenta las condiciones geológicas, el resultado final de tales errores de juicio puede ser desastroso para un proyecto. Sin embargo, al ser demasiado temeroso y/o conservador se pueden generar diseños poco prácticos y despilfarros. La interacción entre la geología y geotecnia es un sello distintivo del ejercicio profesional, el cual debería ser apreciado por todos los ingenieros geotécnicos [6].

5. Requerimientos de Muestreo [7]

El objetivo de una investigación del subsuelo es definir características geotécnicas tales como permeabilidad, compresibilidad y resistencia al corte, de cada estrato identificable de suelo o roca dentro de un área limitada y profundidad, dependiendo del tamaño de la estructura propuesta y adicionalmente tratar de identificar y correlacionar la geología y estratigrafía de los materiales. Para cumplir con el objeto de la investigación del sitio, el estudio se divide en cinco (5) fases: (1) Estudios preliminares, (2) investigación del subsuelo en campo, (3) pruebas de laboratorio, (4) informes y (5) propuestas.

La investigación del subsuelo en campo se puede ejecutar mediante métodos geofísicos, por observaciones indirectas, que incluyen ensayos in situ y por observaciones directas que incluyen toma de núcleos, así como por reconocimiento de campo. La observación directa de las condiciones del subsuelo se puede obtener mediante la examinación de formaciones a través del uso de excavaciones de acceso, (pozos, túneles, apiques o trincheras) o por perforación y muestreo para obtener núcleos o cortes. Los apiques y trincheras probablemente ofrecen el mejor método para observar condiciones in situ y obtener muestras de alta calidad inalteradas. Las muestras alteradas pueden ser obtenidas por medio de barrenos, percusión y a través de sondeos con inyección de lodos. Las muestras inalteradas se pueden obtener por métodos de muestreo sin perturbaciones tales como muestras de tubo hincado y muestras con saca núcleos por rotación.

Hvorslev (1949) definió la calidad de las muestras en representativas o no representativas. Definió muestras no representativas como las mezclas de suelo y roca de diferentes capas y muestras representativas como aquellos materiales que pueden haber sido remoldeados o que la humedad pudo haberlos cambiado, pero en ningún caso que los materiales hayan sido alterados químicamente o estén contaminados por las partículas de otras capas. Las muestras alteradas se pueden obtener por taladros, cucharas de muestreo y tubos de muestreo de pared delgada y se utilizan principalmente para determinar las propiedades índices de los materiales. En algunos casos los ensayos de resistencia y deformación pueden llevarse a cabo en muestras reconstituidas (remoldeadas) de material alterado. Las muestras inalteradas han sido sometidas a una perturbación relativamente pequeña y se pueden obtener de perforaciones usando muestreadores hincados o de saca núcleos (barrenos) por rotación. Las muestras inalteradas de alta calidad se pueden obtener haciendo cortes manuales para toma de muestras de bloques en apiques y trincheras. Las muestras inalteradas son útiles para las pruebas de tracción, compresión, y la permeabilidad de los materiales de fundación.

Los parámetros que inciden en las perturbaciones de una muestra de suelo se relacionan a continuación. (1) *Razón de área* (Ca): Factor importante que influye en la calidad de una muestra inalterada; es función de los diámetros externo (D_w) e interno (D_e) de la zapatilla de corte, depende del tipo de suelo, su resistencia y sensibilidad y del propósito del muestreo. (2) *Tolerancia interna* (Ci): La fricción entre la muestra y la pared interior del tubo de muestreo. La fricción entre la muestra de suelo y la pared interior del tubo de muestreo puede ser reducida en la perforación disminuyendo el diámetro interno de la zapatilla (D_e) un poco más pequeño que el diámetro interior del tubo de muestreo. (3) *Tolerancia externa* (Co): La fricción de la pared exterior del muestreador también puede influir en la calidad de la muestra de suelo. La fricción lateral es grande y puede ser transmitida al suelo que yace bajo el fondo del muestreador, lo que podría generar falta de capacidad de soporte y dañar la muestra. El rango practico para la tolerancia externa debe ser menor de 2 a 3% para suelos cohesivos y cero para los suelos no cohesivos. La tolerancia externa está en función de los diámetros externos de la zapatilla de corte (D_w) y del tubo de muestreo (D_t). (4) *Relación longitud-diámetro*. La longitud máxima de una muestra inalterada para una sola operación de muestreo depende del tipo de suelo, del muestreador, la velocidad y uniformidad de la penetración, la tolerancia interna y la profundidad bajo la superficie del suelo. La relación longitud-diámetro sugerida de una muestra debe estar limitada de 5 a 10 para suelos no cohesivos y de 10 a 20 para suelos cohesivos. (5) *Avance del tubo de muestreo*: El método de avance del tubo muestreador incide en la perturbación del suelo. La conducción del tubo a golpe de martillo causa la mayor cantidad de perturbaciones; presionar el tubo de muestreo a través de un movimiento rápido, continuo y uniforme es recomendado en la mayoría de los suelos como método adecuado de avance de dicho tubo de muestreo. (6) *Alivio de esfuerzos*: Se refleja en el hinchamiento, derrumbe y erosión (en túnel) del suelo en una perforación. La perforación se puede estabilizar mediante el uso de agua, lodo de perforación, o con encamisado metálico. (7) *Recuperación de muestras:* La recuperación de muestras pobres puede ser el resultado más grave de alteración de la muestra y puede depender de una serie de factores tales como Aumento de presión en la parte superior de la muestra debido a la ventilación inadecuada del tubo de muestreo, Succión por debajo del tubo de muestreo cuando dicho tubo es retirado del depósito de suelo. La resistencia a la tracción del suelo debe ser superada para poder separar las muestras del depósito de suelo y el remoldeo (perturbación) de los suelos adyacentes a las paredes del muestreador puede reducir las posibilidades de recuperación.

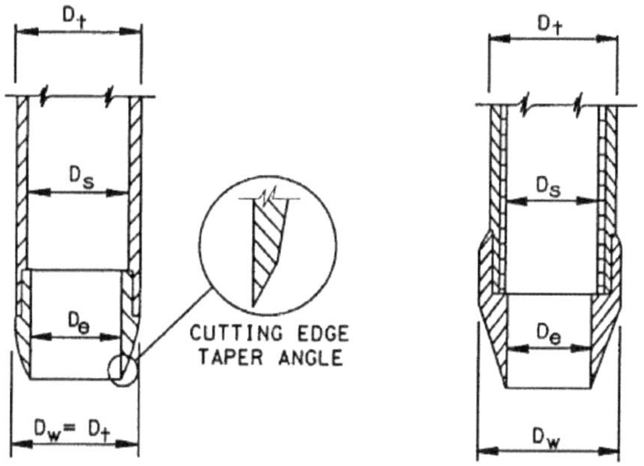

INSIDE CLEARANCE $C_i = \dfrac{D_s - D_e}{D_e}$ CONTROLS INSIDE FRICTION

OUTSIDE CLEARANCE $C_o = \dfrac{D_w - D_t}{D_t}$ CONTROLS OUTSIDE FRICTION

AREA OR KERF RATIO $C_a = \dfrac{D_w^2 - D_e^2}{D_e^2}$ $\dfrac{\text{VOLUME OF DISPLACED SOIL}}{\text{VOLUME OF SAMPLE}}$

Figura 4. Parámetros que inciden en las alteraciones de las muestras [7]

Las alteraciones que se producen después del muestreo pueden ser consecuencia de un cambio en el contenido de agua, migración de humedad dentro de la muestra, penetración de huecos con cera para sellar la muestra, vibraciones durante el transporte, congelación de las muestras de limo o arcilla, reacción química entre la muestra y el tubo, o la perturbación causada por la extrusión de la muestra del tubo. Las muestras inalteradas deben ser tomadas de tal manera que se reduzcan al mínimo: (a) los cambios en la relación de vacíos y el contenido de agua, (b) las alteraciones mecánicas de la estructura del suelo, y (c) los cambios en las condiciones de esfuerzos.

Existen dos tipos básicos de aparatos de muestreo que se han desarrollado: *Muestreadores de tubo hincado*, los cuales son empujados hacia el suelo sin rotación y Los *Muestreadores de núcleo por rotación*, los cuales su funcionamiento consiste en hacer rotar una broca de corte y aplicar fuerza hacia dentro del suelo con un equipo de perforación. Los *Muestreadores de tubo hincado* de pared delgada se dividen en dos grandes grupos: Muestreadores hincados abiertos (Ej.: Tubo Shelby), los cuales no se recomiendan para muestreo inalterado y Los Muestreadores de pistón, los cuales pueden ser de pistón libre, de pistón fijo (Osterberg, Compuesto Noruego) y de pistón retráctil, el cual no se recomienda para muestreo inalterado. Otro muestreador modificado de pistón es el de lamina, su funcionamiento es similar al de pistón fijo (M. de Suecia y tipo Delft Stocking). Los *Muestreadores de núcleo por rotación* se han desarrollado a partir de muestreadores de un solo tubo y muestreadores de doble y triple tubo (M. Denison y Pitcher), y tienen una razón de área y tolerancia interna grande por lo tanto son generalmente aceptados como muestreadores hincados. Los *Muestreadores de arena* se usan para obtener muestras de alta calidad, pero esto ha sido bastante difícil de alcanzar, por ello Hvorslev (1949) sugiere varios métodos, incluyendo el uso de muestreadores de pistón fijo con lodos, muestreadores hincados abiertos con aire comprimido (M. de Bishop modificado), congelación in situ, y la impregnación.

6. Logueo de núcleos de rocas [8]

Un registro de un sondeo provee principalmente información precisa y entendible de las condiciones geológicas encontradas sobre los núcleos de roca; es preferible hacer el logueo en campo. Un registro simple se estructura a partir de la manifestación de las rocas encontradas con información de las profundidades en las que ocurren cambios de estratos. Uno de los métodos más detallados usados para hacer registros de sondeos es el ideado con requerimientos especiales de la *Snowy Mountains Authority* (1967). Estos registros contienen columnas separadas para la descripción de la roca, perdida de núcleo, profundidad del encamisado, tamaño del núcleo, evaluación y profundidad, dibujo del registro, registro de fracturas, estructuras de la roca, nivel del agua y cambios durante el sondeo y ensayos de permeabilidad in situ

La información que debe ser registrada es la información básica (nombre de proyecto, ubicación, sincronización, empresa ejecutora, ingeniero supervisor), el método de perforación y avance (información de la maquina, tipo de corona, tamaño de núcleos y cambios, uso de encamisado, posición de los niveles de agua, perdida de fluidos, velocidad de penetración), la descripción del tipo y condición del material encontrado y los simbolismos en el registro. Dentro de los factores que determinan los métodos de registro está la sobrecarga superficial (recubrimiento), el formato de registro (según requerimientos de proyecto), los costos del logueo de núcleos (es el 5% del costo del sondeo), la relación costo - beneficio, los registros simplificados (se omite información) y el record diario. El almacenamiento de la información debe organizarse en un listado que contiene red de referencia, información estratigráfica, profundidad y ubicación de los records. La manipulación, etiquetado y preservación de núcleos de roca trae consigo la recuperación de las muestras, la extracción de la barrena por martilleo o extrusión con aire o agua a presión, el diseño funcional de las cajas donde se guardan los núcleos, el etiquetado de los núcleos que debe ser de la izquierda (tope) a la derecha (base) de la caja, el transporte, almacenamiento (bajo techo) y preservación (sellado con cera, papel aluminio o plástico). El estado de recuperación del núcleo de roca es un indicativo de las condiciones in situ y del comportamiento probable del macizo rocoso y dependerá del fracturamiento que presenten los núcleos, el porcentaje de recuperación, el estado de las fracturas y el RQD e índice de estabilidad. Finalmente se debe registrar la geología descriptiva a partir de información básica, descripción sistemática de la roca, clasificación de la meteorización, discontinuidades, espaciamiento de las mismas y resistencia de la roca y se de esta manera definir la clasificación del grado de la roca.

7. Efecto del diseño del muestreador [9]

La evaluación de las alteraciones de las muestras de tubo debido al diseño del muestreador se estudia mediante el método de trayectorias de deformaciones de Baligh et al. En este método el suelo se considera saturado, drenado lentamente, homogéneo, isotrópico y sin resistencia al corte, existe un objeto que penetra y genera un efecto sobre las deformaciones de las zonas adyacentes. Los resultados del método concluyen que se pueden obtener estimaciones razonables de las alteraciones del suelo en la mitad interna del tubo a partir de los resultados en el eje de la muestra y que las deformaciones son relativamente uniformes sobre de la mitad interna de la muestra, condiciones que se aproximan a los triaxiales de extensión y compresión.

Baligh (1985) observó que los elementos del suelo en el eje del muestreador simple fueron sometidos de tres fases distintas de corte triaxial, es decir: (1) Una fase de compresión inicial antes del muestreo, donde la deformación axial aumenta de cero a un valor máximo. (2) Una fase de extensión, cerca del borde principal del muestreador, donde la tensión axial se invierte de compresión a extensión y alcanza un máximo valor. (3) Una segunda fase de compresión en el interior del tubo muestreador donde la deformación axial disminuye y alcanza un valor constante. La figura 5 muestra que las deformaciones en la muestra (alteración) dependen en gran medida de la razón de área, B/t, del muestreador. Cuanto menor sea la relación B/t, mayor es el grado de tensiones de la muestra.

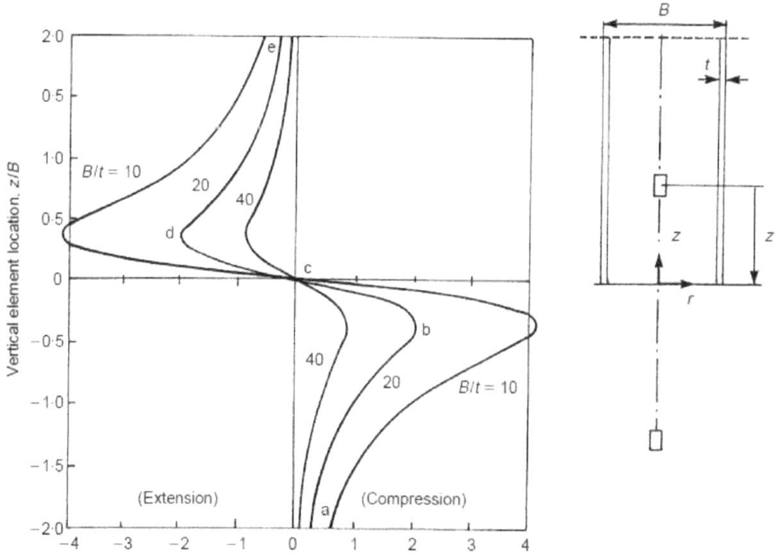

Figura 5. Trayectorias de deformación de un elemento del suelo en el eje del muestreador (Baligh 1985)

Con el fin de investigar el efecto del diseño de una zapatilla de corte en las deformaciones de una muestra de tubo, se realizó un estudio paramétrico utilizando el procedimiento de elementos finitos. Se consideraron cuatro parámetros de diseño, a saber: Relación del área del muestreador (AR), Relación de espacio libre en el interior del muestreador (ICR), Angulo de corte interno (ICA) y

Ángulo de corte externo (OCA). Los resultados del estudio mostraron que el aumento de (AR) por el incremento del espesor de la pared del muestreador provocó un aumento significativo de la deformación axial pico en compresión (ε_{cp}), por delante del borde de corte, pero la deformación axial pico en extensión (ε_{ep}), por encima del borde de corte, aumentó sólo ligeramente; un aumento en (ICR) causó un incremento en (ε_{ep}) y una ligera reducción en (ε_{cp}) delante del tubo de muestreo; (ICA) no tuvo ningún efecto sobre (ε_{cp}) por delante del muestreador, pero influyó en (ε_{ep}) y al aumentar (OCA) causó un marcado incremento en (ε_{cp}), y en menor medida, un aumento de la (ε_{ep}).

$$AR = \frac{R^2 - R_1^2}{R_1^2}$$

$$ICR = \frac{R_2 - R_1}{R_1}$$

$$ICA\ (= \alpha) = \tan^{-1} \frac{R_2 - R_1}{H_1}$$

$$OCA\ (= \beta) = \tan^{-1} \frac{R - R_1}{H_2}$$

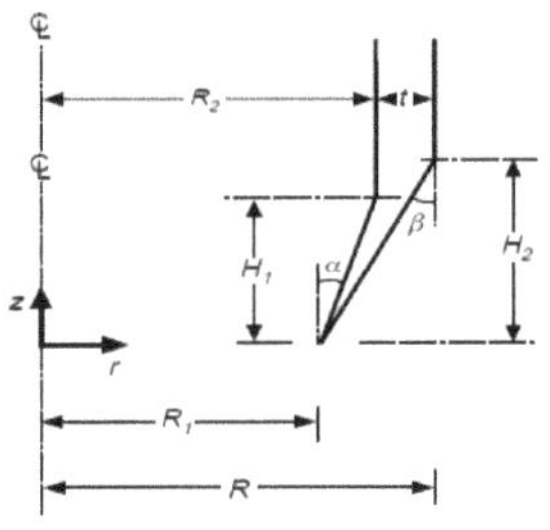

Figura 6. Parámetros de diseño y dimensiones del tubo muestreador [9]

6. Alteraciones de las muestras

La alteración de las muestras genera un impacto negativo en los parámetros de diseño medidos en el laboratorio (arcillas blandas); es el aspecto más importante que afecta la calidad y confiabilidad de los datos obtenidos de las pruebas de laboratorio. Todos los parámetros de diseño se ven influenciados negativamente por las alteraciones de las muestras. El efecto más importante de la alteración de las muestras en arcillas blandas es la desestructuración del suelo, que va acompañada de una reducción significativa del esfuerzo efectivo de la muestra. Cada etapa del proceso de muestreo, desde la iniciación de la perforación hasta la preparación final de los especímenes de ensayos de laboratorio, provocan alteración potencial de las muestras. En general las etapas claves en los procesos de alteración de las muestras son: (1) Perforación del sondeo, (2) Tubo de muestreo, (3) Extracción del tubo, (4) Transporte y Almacenamiento, (5) Extracción de la muestra y (6) Preparación de la muestra [10].

Existen varias soluciones prácticas para reducir el grado de alteración de las muestras como el uso de lodos de perforación, una geometría especial del tubo de ensayo y el uso de muestreadores fijos de pistón entre otras opciones. La cuantificación de la alteración de la muestra se realizó con base en los cambios de volumen de un espécimen durante la re-consolidación en el laboratorio a un esfuerzo vertical efectivo inicial; se usaron los métodos de Terzaghi et al. en muestras con cierto grado de SQD y el criterio ($\Delta e/e_o$) de Lünne et al. La alteración causada por el proceso de muestreo y su posterior almacenamiento y manipulación generan cambios significativos en el estado de esfuerzos de las muestras. Para reducir los efectos adversos de la alteración en arcillas blandas, la perforación debe llevarse a cabo utilizando un lodo de perforación debidamente ponderado, las muestras deben ser recolectadas a través de un muestreador de pistón fijo de pared delgada, afilada y de gran diámetro y deben protegerse de los golpes y cambios excesivos de temperatura durante el transporte y almacenado bajo humedad alta, controlando las condiciones de temperatura, finalmente las muestras a ensayar en el laboratorio de prueba deben ser cortadas y separadas del tubo antes de recortarlas [10].

En arcillas normalmente consolidadas, el efecto de las alteración por muestreo se ha estudiado mediante la realización de pruebas triaxiales siguiendo el *enfoque de muestreo perfecto* (PSA) y el *enfoque de muestreo ideal* (ISA). El PSA propone que la única alteración inevitable durante el muestreo es la producida por el alivio de esfuerzos anisotrópicos in situ, por ejemplo cuando el suelo va de una condición de campo a un estado hidrostático en el laboratorio. En el ISA la deformación del suelo inducida por la penetración del tubo es una fuente dominante de alteración y debe ser considerada en la predicción de los efectos de las perturbaciones mínimas debidas al muestreo de tubo en arcillas. Durante el proceso de penetración del tubo, el suelo se somete a una historia compleja de trayectorias de deformación, que depende de la posición del elemento de suelo dentro del muestreador y de la geometría del tubo [11].

Los efectos de la alteración con PSA e ISA bajo un comportamiento del suelo al corte no drenado y compresión del suelo se cuantifican por comparación con el comportamiento intacto. Los resultados indican que el alivio de esfuerzo cortante asociado con la alteración PSA provoca un cambio moderado en las propiedades de los suelos. Los efectos de la alteración ISA son muy significativos y aumentar sistemáticamente con la amplitud de la deformación impuesta. Un incremento de la alteración causa una disminución en la relación de compresión, una disminución en la resistencia no drenada, y un aumento en deformación en falla y la relación de recompresión, pero tiene un efecto menor en la presión de preconsolidación. Estos efectos se derivan de la disminución del esfuerzo efectivo y de los daños en la fabrica del suelo que se producen como resultado del muestreo. La pérdida en la resistencia no drenada es controlada principalmente por la disminución del esfuerzo efectivo y la relación (C_u/σ'_s) [11].

Los resultados indican que los efectos de las perturbaciones en las propiedades de ingeniería de las arcillas NC derivan de dos mecanismos fundamentales que se producen como resultado de la toma de muestras: (1) La disminución de la tensión efectiva y (2) la desestructuración del suelo. Una comparación del comportamiento de las arcillas NC después de la perturbación PSA y ISA indica que el alivio del esfuerzo cortante simulado en las pruebas de PSA se asocia solamente con una disminución moderada en el esfuerzo y por lo tanto produce un daño limitado en las arcillas NC; la disminución más marcada de los esfuerzos efectivos y la desestructuración causada por la gran deformación impuesta durante la alteración ISA genera degradación significativa de todas las propiedades de una arcilla NC. En comparación con el suelo intacto el comportamiento de las arcillas NC alteradas presenta una disminución en la resistencia no drenada, un aumento de la deformación pico, un aumento en el índice de recompresión, y una reducción en el valor del índice de compresión virgen [11].

9. Evaluación de la calidad de las muestras en arcillas

El grado de perturbación de la muestra se define como la relación de la diferencia entre el índice de vacío in situ y el índice de vacío de la muestra no perturbada y ensayada en el laboratorio y la diferencia entre el índice de vacío in situ y el índice de vacío de la arcilla completamente remoldeada. El grado de alteración de la muestra se utiliza para evaluar cuantitativamente la calidad de las muestras de arcillas sensibles basados en el concepto de índice de vacío propuesto por Burland en 1990, el cual se usa para correlacionar las características de compresión de varias arcillas reconstituidas y representa la línea de compresión intrínseca (ICL). Se sabe que la perturbación de la muestra aumenta su compresibilidad en el estado de pre-falla (es decir, el esfuerzo de consolidación es menor que el esfuerzo de fluencia de consolidación) y reduce dicho esfuerzo de fluencia de consolidación [12].

La relación de compresiones de arcillas naturales y remoldeadas bajo un esfuerzo efectivo de sobrecarga (Ivo-Ivpo) / (Ivo-Ivr) se puede utilizar como un indicador cuantitativo de la alteración de una muestra que variará de una muestra completamente remoldeada a un estado perfectamente intacto. El grado de perturbación de la muestra (Dsd) se define como el porcentaje de la relación (Ivo-Ivpo) / (Ivo-Ivr) como sigue:

$$D_{sd} = (I_{v0} - I_{vp0})/(I_{v0} - I_{vr}) \times 100\%$$

El rango de (Dsd) va de 0 a 100%. Los dos porcentajes extremos, 0 y 100%, representan un estado intacto sin ningún tipo de perturbación y un estado completamente remoldeado respectivamente [12].

Los estudios experimentales muestran que el esfuerzo de fluencia de consolidación, la resistencia a la compresión inconfinada, y el índice de compresión de las arcillas sensitivas decrecen linealmente con un aumento del grado de perturbación de la muestra., se propone un método simple para corregir los parámetros mecánicos medidos en el laboratorio considerando el efecto de la perturbación de la muestra. El esfuerzo de fluencia de consolidación corregido se puede estimar mediante la siguiente ecuación:

$$p_{yf} = p_y / (1 - D_{sd}/100)$$

De manera similar, la resistencia a la compresión inconfinada corregida se puede determinar utilizando la siguiente ecuación:

$$q_{uf} = q_u / (1 - D_{sd}/100)$$

El índice de evaluación de calidad de la muestra que se propone en este caso puede ser utilizado para evaluar las arcillas sensibles Ariake. Cuando el índice de vacío in situ es cercano a la línea de compresión intrínseca (ICL), el grado de perturbación de la muestra es pequeño [12].

En arcillas blandas los efectos más significativos de la alteración de los parámetros de ingeniería medidos son: La disminución del esfuerzo de preconsolidación estimado (σp') y del índice de compresión virgen observado en pruebas de consolidación unidimensional (1D), y estimaciones pobres de la resistencia al corte y la historia de esfuerzos del suelo. Si la perturbación de la muestra es grande, ninguno de estos efectos pueden ser corregidos de manera adecuada y precisa, dando lugar a errores en el diseño de ingeniería que pueden ser potencialmente significativos. Las mejoras en los métodos de muestreo y equipos ofrecen la posibilidad de mitigar estos efectos, pero la necesidad de evaluar la calidad de la muestra sigue siendo un componente integral del diseño geotécnico. Los métodos actuales de evaluación de calidad de la muestra son típicamente basados en el laboratorio y destructivos, a menudo requieren pruebas costosas y que llevan mucho tiempo. Se propone el uso de un método no destructivo a través de un dispositivo de campo (Bender Elements) utilizado para medir la velocidad de onda de corte del suelo, (Vvh) y determinar la calidad de la muestra para arcillas blandas. El dispositivo fue usado en muestras de diversa calidad y los valores (Vvh) se compararon con la velocidad de onda de corte de las pruebas del Piezocono sísmico y con la de una medida convencional de la calidad de la muestra obtenida de las pruebas de laboratorio [13].

Se recolectaron y ensayaron muestras con rangos distintos de calidad en campo y en el laboratorio para evaluar la alteración de las muestras usando la velocidad de onda de corte. Se obtuvieron cuatro (4) tipos de muestras extraídas con Muestreador de bloque tipo Sherbrooke, Muestreador de pistón fijo (Tubo Shelby inoxidable), Muestreador de pistón libre (Tubo Shelby de acero galvanizado) y Muestreador tipo cuchara partida (SPT). Una vez que se ensayaron, las muestras obtenidas mediante el Muestreador de bloque (Sherbrooke) y de pistón fijo produjeron estimaciones más altas de (σ'p) y mejores calificaciones de calidad (Δe/eo - σ'vo) en comparación con los obtenidos con muestreadores de pistón libre y de SPT. De hecho, las muestras de bloques Sherbrooke y las de pistón fijo tienen resultados idénticos de laboratorio en la consolidación 1-D que evidencia el potencial para la recolección de muestras de tubo de alta calidad en arcillas blandas. Los valores de (Vvh) medidos en campo para las muestras de bloque y de pistón fijo fueron los más altos, mientras que para las muestras con pistón libre, SPT, y muestras remoldeadas fueron los más bajos. La reducción en la velocidad de onda de corte de los valores in situ para las muestras de bloques se cree que es resultado del alivio de esfuerzos, mientras que la reducción adicional en la velocidad de onda de corte para muestras de tubo y tomadas con SPT es resultado tanto del alivio de esfuerzos como de la desestructuración de las muestras y del incremento de las malas prácticas de muestreo [13].

10. Congelación de Arenas

La congelación del suelo con nitrógeno líquido es una excelente técnica para la obtención de muestras inalteradas de buena calidad de arenas sueltas, con la preservación de las condiciones in situ. El Experimento de Licuefacción Canadiense (proyecto CANLEX) fue realizado para determinar los métodos más efectivos en la caracterización de la arena para evaluar el potencial de licuefacción estática y dinámica. Uno de los objetivos era evaluar la respuesta inalterada in situ de diferentes depósitos de arenas y proporcionar un esquema para vincular los datos de laboratorio y de campo para controlar la licuefacción del suelo [14]. Se definieron sitios de pruebas para caracterizar depósitos de arena suelta y se seleccionaron dos de ellos, en donde se congelaron in situ las arenas y se tomaron muestras inalteradas a diferentes profundidades previo estudio de factibilidad de congelación del suelo.

Se utilizó una técnica de muestreo por medio del congelamiento del suelo in situ con nitrógeno líquido teniendo en cuenta la necesidad de extracción del calor y los sistemas utilizados para la extracción de muestras y se hicieron ciertas modificaciones con el fin de ajustarse a las condiciones difíciles del suelo. Las zonas objetivos fueron localizadas a varias profundidades, por lo tanto se requirieron diferentes métodos para la instalación de la tubería congelada. Aunque es posible determinar relativamente las proporciones de nitrógeno gaseoso y líquido instalando equipos que permitan la medición de la temperatura y la turbulencia asociada al nitrógeno líquido en la tubería congelada, es preferible congelar el suelo en una forma de cilindro manteniendo solamente el nitrógeno líquido en la tubería congelada. Congelando una columna uniforme de suelo se reduce el riesgo de la alteración del suelo, debido a los frentes congelados sub-verticales, y facilita la extracción de muestras de arena congelada. La relación de vacíos sirve como guía para determinar cuáles de las muestras congeladas para los ensayos de laboratorio tenían la relación de vacíos más alta. Una vez completadas las pruebas de laboratorio, el peso total seco de los núcleos fallados y las mediciones de cambio de volumen, pueden ser usados para recalcular la relación de vacíos inicial. El costo del congelamiento del suelo para obtener muestras inalteradas de suelos granulares es alto, es decir un costo por unidad aproximado de $0.32/m^3 [14].

11. Resistencia a la licuefacción en arenas gruesas [15]

El estudio se realizó a través de ensayos triaxiales cíclicos no drenados sobre muestras inalteradas y reconstituidas de arenas gruesas. Cabe mencionar que la respuesta no drenada de suelos de grano grueso a una carga cíclica, puede ser inducida por un terremoto. Las muestras inalteradas fueron recuperadas por una técnica de congelación in situ que consiste en el enfriamiento del suelo radialmente mediante el uso de nitrógeno líquido inyectado en una sola tubería de congelación por debajo de la superficie del suelo. Las muestras reconstituidas fueron preparadas usando dos métodos de reconstitución, el de pluviación con aire (AP) y el de sedimentación con agua (WS) y probadas en las mismas condiciones in situ de densidad relativa inicial y esfuerzo efectivo de sobrecarga. Las pruebas se llevaron a cabo en muestras consolidadas isotrópica y anisotrópicamente.

Los resultados obtenidos de este estudio proporcionan una evidencia directa de que la resistencia a la licuefacción cíclica obtenida a partir de las muestras sedimentadas en agua se aproxima a las que exhiben las muestras inalteradas en condición isotrópica y anisotrópica. La calidad de las muestras recuperadas por congelación in situ pueden ser consideradas aceptables y coherentes con los resultados de otras investigaciones. La resistencia (triaxial) cíclica no drenada está profundamente afectada por el método de preparación de muestras. En particular, los valores de resistencia a la licuefacción evaluados por el método de pluviación con aire parecen ser demasiado conservadores en las pruebas isotrópicas y anisotrópicas. Por otro lado, El método de sedimentación con agua captura de manera satisfactoria el comportamiento exhibido por las muestras inalteradas congeladas.

12. Resistencia de muestras de limo y arena limosa [16]

En limos y arenas limosas, las diferencias de comportamiento esfuerzo-deformación-resistencia no drenado entre muestras "inalteradas" y reconstituidas ensayadas a la misma relación de vacíos y estado de esfuerzo inicial pueden ser grandes y son causadas muy probablemente por las diferencias inherentes a la fábrica entre dichos materiales. En todas las pruebas realizadas las muestras inalteradas mostraron un comportamiento dúctil y dilatante, mientras que en casi todos los casos de especímenes reconstituidos a la misma densidad, estos mostraron una resistencia no drenada muy baja y un comportamiento frágil. La serie de pruebas se efectuaron en muestras de un depósito de limo fluvial natural, así como de arena limosa hidráulicamente colocada en un dique. Cuando la reconstitución de muestras para pruebas de laboratorio, no es suficiente para satisfacer los criterios correctos de densidad y distribución del tamaño de grano, de alguna manera se debe reproducir la misma fábrica. De lo contrario, los análisis de deformación y estabilidad usando los resultados de las muestras reconstituidas, o la calibración de los ensayos in situ mediante dichos resultados, pueden ser engañosos. La mayoría de las muestras reconstituidas que se ensayaron en este estudio se prepararon mediante apisonamiento húmedo, pero también se usaron otros métodos y se compararon los resultados. La reconstitución de muestras de arena limosa por pluviación con agua parece ser el método de preparación más prometedor. La pluviación es un método usado para preparar muestras de suelo con densidades relativas y gradaciones diferentes; se realiza con agua (pluviación húmeda) o en seco (pluviación seca).

13. Tomografía de arenas sueltas [17]

Existen problemas con la depositación de las arenas sueltas, ya que son colapsables; pequeñas alteraciones provocan grandes flujos y su posterior asentamiento. Para entender mejor el fenómeno, se tomaron muestras inalteradas obtenidas entre 10-15m de profundidad, usando el método de congelamiento, donde se realizaron ensayos convencionales de laboratorio y análisis mediante tomografía computacional.

La tomografía computacional (TC) en Geotecnia permite un análisis no destructivo y no invasivo de la estructura y textura interna de la muestra, permitiendo el mapeo de la distribución de densidad en gran resolución sobre las tres dimensiones. Se ha utilizado en los laboratorios de mecánica de rocas para analizar la distribución de densidades y estructura interna de calizas y areniscas, para así medir la geometría de los poros para el análisis de flujo. Keller (1998) caracterizó las discontinuidades en gran resolución para el análisis de transporte de contaminantes. Verhelst et al. (1995) reveló estructuras heredadas o inclusiones en muestras de la aparente roca intacta. Desrues et al. (1996) siguió la creación y desarrollo de localizaciones en muestras de arena al identificar los cambios de densidad mediante una TC empleando un ensayo triaxial y manteniendo las bandas de corte. Además se hicieron para seguir la distribución de densidades en los ensayos de compresión inconfinada, corte, y concentración en arenas saturadas mediante atenuación de rayos x. La mayoría de estos ensayos se han realizado en muestras de rocas, y se han limitado a suelos en muestras de arenas reconstituidas o muestras inalteradas de arcilla limosa, pero no se habían desarrollado en arenas sueltas.

Los resultados dejaron en evidencia un bajo grado de saturación y grandes proporciones de gas (aire) rellenando los macroporos, responsables de las considerables fluctuaciones en densidad en la zona freática. Esta variabilidad espacial tiene fuerte responsabilidad de la colapsabilidad de las arenas sueltas.

REFERENCIAS BIBLIOGRAFICAS

[1] Peck, R.B. (1976). On being your own engineer. Publication No.161. Civil Eng. Alumni Assoc. Newsletter. University of Illinois. pp. 4-5.

[2] Moh, Z.C. et al. (2004). Site Investigation and Geotechnical Failures. International Conference on Structural and Foundation Failures, 2004, Singapore.

[3] De Rienzo, F., Oreste, P., Pelizza, S. (2008). Subsurface geological-geotechnical modelling to sustain underground civil planning. Engineering Geology 96. pp. 187-204.

[4] Patel, D., Nicholson, D., Huybrechts, N., Maertens, J. (2005). The Observational Method in Geotechnics. GeoTecNet Delft.

[5] Powderham, A. (2002). The Observational Method – Learning from projects. Institution of Civil Engineers, Geotechnical Engineering, Vol. 155, Issue 1.

[6] Rollings, M., Rollings, R. (2005). Geology: Engineer Ignore It at Your Peril. Journal of Geotechnical and Geoenvironmental Engineering, Vol. 131, No. 6, ASCE.

[7] US Army Corp of Engineers (2001). EM 1110-1-1804 Chapter 2 Sampling Requirements.

[8] Geological Society Engineering Group Working Party Report on (1970). The Logging of Rock Cores for Engineering Purposes. Q.J Engineering Geology.

[9] Clayton, C., Siddique, A., Hopper, R.J. (1998). Effects of sampler design on tube sampling disturbance-numerical and Analytical Investigations. Géotechnique 48, No. 6. pp. 847-867.

[10] DeGroot, D., Poirier, S., Landon, M. (2005). Sample Disturbance - Soft Clays. Studia Geotechnica et Mechanica, Vol. XXVII, No. 3–4.

[11] Santagata, M.C., Germaine, J.T. (2002). Sampling Disturbance Effects in Normally Consolidated Clays. Journal of Geotechnical and Geoenvironmental Engineering, Vol. 128, No. 12. ASCE.

[12] Hong, Z., Han, J. (2007). Evaluation of Sample Quality of Sensitive Clays Using Intrinsic Compression Concept. Journal of Geotechnical and Geoenvironmental Engineering, Vol. 133, No. 1. ASCE.

[13] Landon, M., DeGroot, D., Sheahan, T. (2007). Non Destructive Sample Quality Assessment of a Soft Clay using Shear Wave Velocity. Journal of Geotechnical and Geoenvironmental Engineering, Vol. 133, No. 4. ASCE.

[14] Hoffman, D.C., Robertson, P.K. (2000). In Situ Ground Freezing To Obtain Undisturbed Samples of Loose Sands. Journal of Geotechnical and Geoenvironmental Engineering, Vol. 126, No. 11. ASCE.

[15] Ghionna, N.V., Porcino, D. (2006). Liquefaction Resistance of Undisturbed and Reconstituted Samples of a Natural Coarse Sand from Undrained Cyclic Triaxial Tests. Journal of Geotechnical and Geoenvironmental Engineering, Vol. 132, No. 2. ASCE.

[16] Hoeg, K., Dyvik, R., Sandbaekken, G. (2000). Strenght of Undisturbed versus Reconstituted Silt and Silty Sand Specimens. Journal of Geotechnical and Geoenvironmental Engineering, Vol. 126, No. 7. ASCE.

[17] Pralle, N., Bahner, M., Benkler, J. (2001). Computer tomographic analysis of undisturbed samples of loose sands. Can. Geotech. J. 38. pp. 770-781.